简单实用

中国结入门

李玉栋　主编

JIANDAN SHIYONG
ZHONGGUO JIE
RUMEN

辽宁科学技术出版社

· 沈阳 ·

本书编委会

主　编　李玉栋

编　委　宋敏姣　李　想

图书在版编目（CIP）数据

简单实用中国结入门 / 李玉栋主编 .—沈阳 : 辽宁科学
技术出版社，2015.3
　　ISBN 978-7-5381-8843-1

　　I.①简… Ⅱ.①李… Ⅲ.①绳结—手工艺品—制作
—中国 Ⅳ.① TS935.5

中国版本图书馆 CIP 数据核字（2014）第 218513 号

出版发行：辽宁科学技术出版社
　　　　　（地址 : 沈阳市和平区十一纬路 29 号 邮编 :110003）
印　刷　者：湖南立信彩印有限公司
经　销　者：各地新华书店
幅面尺寸：170mm × 237mm
印　　张：12
字　　数：150 千字
出版时间：2015 年 3 月第 1 版
印刷时间：2015 年 3 月第 1 次印刷
责任编辑：卢山秀　湘　岳
封面设计：多米诺设计·咨询　吴颖辉　龙　欢
版式设计：湘岳图书
责任校对：合　力

书　　号 :ISBN 978-7-5381-8843-1
定　　价 :39.80 元
联系电话 :024-23284376
邮购热线 :024-23284502

目 录 CONTENTS

前 言 PREFACE

中国结是中国传统文化的组成部分，是流传千年的手工编织艺术，蕴含的民族文化博大精深，凝结了民间手工艺术智慧和宽广的民族情怀。

经过历史的不断演变以及人们对美的追求和钻研，中国结不再是单一的形式，它已将多种生活元素融入到实际工艺品的操作中，是一个时代对生活的诠释。中国结从材料的选择、设计理念、颜色搭配上融入了时尚元素，逐渐成为人们比较喜欢的结艺饰品。精巧、精美、精致、前卫已成为中国结设计的最终追求目标。

本书是一本详细的中国结编织图书，融合了中国结基础知识讲解、中国结基础技法、实用中国结作品分解、精美中国结作品赏析4个部分，每个部分都以图文并茂的形式展示了制作方法，考虑到本书是专门为初级爱好者所准备，因此，详细列举了几十种基础结的详细编织过程，提供了直观、清晰的编织步骤图，以简单明了的文字加以说明，便于读者学习和掌握。本书向广大读者展示了多款精美的中国结作品，设计精致，线材搭配巧妙，在设计款式、颜色搭配、线材选择上颇有讲究，通过基本结的延伸进而设计出与众不同的精美作品。

将中国结千变万化的韵律、生动精致的本质展现得淋漓尽致。

结有情，艺无穷。勤练习，多研究。通过本书，你可以领略到中国结的精湛技艺，分享结艺文化的乐趣，用心学习，你一定可以编织出中国结的美丽，创造出独特秀美的作品。

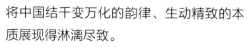

第一章

中国结基础知识讲解

本章简单讲解了关于中国结的理论知识以及列举了常见的各种线材、编织工具、配饰等，只有做好充分的准备，才能为编织作品扫清障碍。

中国结理论知识

中国结，它所显示的情致与智慧正是汉族古老文明中的一个缩影，是由旧石器时代的缝衣打结，推展至汉朝的仪礼记事，再演变成今日的装饰手艺。周朝人随身佩戴的玉常以中国结为装饰，而战国时代铜器上也有中国结的图案，延续至清朝中国结才真正成为流传于民间的艺术。当代多用来室内装饰、亲友间的馈赠礼物及个人的随身饰物。因为其外观对称精致，可以代表汉族悠久的历史，符合中国传统装饰的习俗和审美观念，故命名为中国结。中国结有双钱、纽扣、琵琶、团锦、十字、吉祥、万字、盘长、藻井、双联、蝴蝶等结式。

中国结的编制，大致分为基本结、变化结及组合结3大类，其编结技术，除需熟练各种基本结的编结技巧外，均具共通的编结原理，并可归纳为基本技法与组合技法。基本技法乃是以单线条、双线条或多线条来编结，运用线头并行或线头分离的变化，做出多彩多姿的结或结组；而组合技法是利用线头延展、耳翼延展及耳翼勾连的方法，灵活地将各种结组合起来，完成一组组变化万千的结饰。

学习中国结艺的最后阶段是自行设计作品阶段。设计一组美观大方的结饰时，最重要的是先确定其用途和功能，再决定其大小和形状，同时也要考虑颜色的搭配和配饰的适当运用。饰品的应用讲究细腻精致、古朴优雅的风格。只要将饰口随心所欲地和结组灵活运用，把自己的艺术美感和浓浓情思融注其中，便能充分地表现出中国传统艺术之美。

中国结常用线材

中国结编制线材种类很多，包括丝、棉、麻、尼龙、混纺等，都可用来编结，选线也要注意色彩，时尚的作品必须考虑到各种线材种类与颜色的搭配才能创作出好的作品。

在此，我们为大家列举了部分常用线材，可供参考。

金色线

6号线

5号线

4号线

玉线

玉线小捆

中国结常用工具

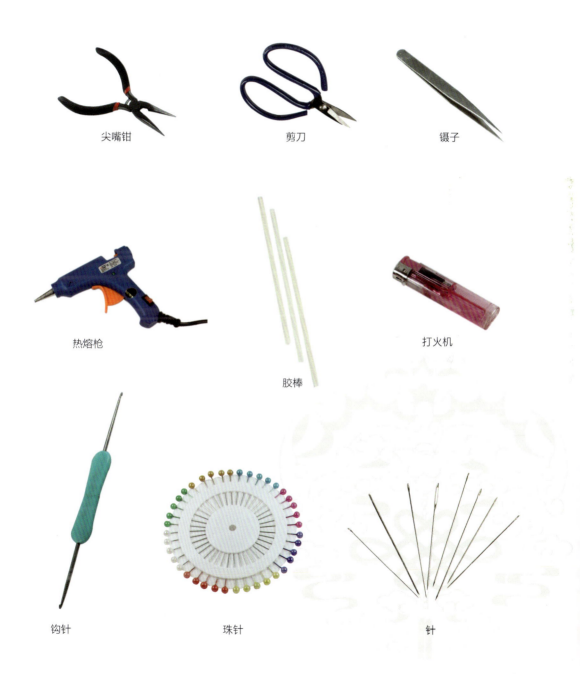

尖嘴钳

剪刀

镊子

热熔枪

胶棒

打火机

钩针

珠针

针

中国结常用配饰

在编制中国结作品中配饰的选择和搭配是很重要的，俗话说"红花虽好，仍需绿叶陪衬"，只有多元素相互结合才能使作品栩栩如生。很多结饰用圆珠、管珠镶嵌结表面，做坠子用各种玉石、金银、陶瓷、珐琅等饰物。

黑色木珠

黄米珠

活动眼珠

金属配件

金属圈

蓝色珠子

铃铛

流苏管

木质配饰

木珠

水晶配饰

陶瓷珠子

铜钱

头像

香囊

玉饰

玉珠

流苏

第二章
中国结基础技法

本章主要讲述了在中国结编制过程中所运用到的基本编结方法，为初学者奠定扎实的编织基础，各种技法简单易学，只要您用心学习，便可融会贯通。

单平结

编者笔录：单平结是平结的基本结体之一，编出的结体一般是扭转的，呈螺旋上升状。

制作方法

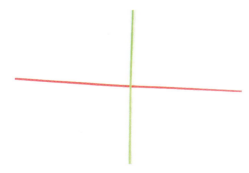

1 取 2 根线交叉如图摆好。

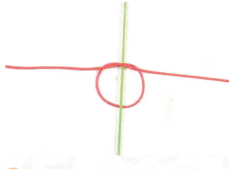

2 将红色线两端以绿色线为辅助线绕圈，相向压 2 挑 1，然后拉紧。

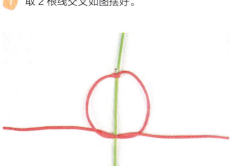

3 将左边的红色线两端相向压 2 挑 1，线的走势不变，步骤同上。

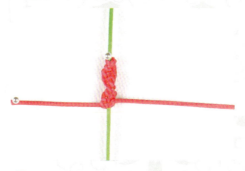

4 编至适合角度即可。

编者笔录：双平结又称为本结、驹结等，在日常生活中用的频率很高。

双平结

 制作方法

① 将线如图交叉摆好。

② 先编 1 个单平结，左线在辅助线上，右线在辅助线下。

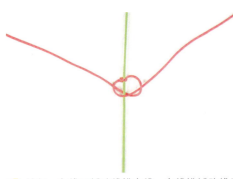

③ 拉紧，左线压辅助线挑右线，右线挑辅助线压左线。

④ 拉紧重复编。

编者笔录：双钱结又称金钱结或双金钱结，形似两枚古钱相叠，故得此名，象征好事成双。

双钱结

 制作方法

① 线如图摆放。

② 黄色线绕圈压红色线。

③ 红色线压黄色线。

④ 再挑1压1，挑1压1。

⑤ 拉紧两线，整理即可。

编者笔录：长双钱结是双钱结的一种变化结，结体实用美观，因结体而得名。

长双钱结

 制作方法

1 将线如图摆好，红色线压1挑1压1。

2 红色线压黄色线、挑红色线，挑黄色线、压红色线。

3 红色线再压红色线、挑黄色线、压红色线。

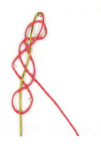

4 红色线依次挑红色线、压黄色线、挑红色线。

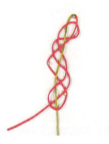

5 红色线依次压红色线、挑黄色线、压红色线。

6 把线调整好即可。

编者笔录：8字结又被称为发财结，因为是用一单线绕另一线交叉走8字形编织而成，故称为8字结。

8字结

🌀 **制作方法**

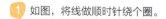

 1 如图，将线做顺时针绕个圈。

2 将黄色线挑1压1从圈里穿出。

3 将黄色线回头再将黄色线挑1压1从圈里穿出。

 4 以此类推。

5 拉紧整理，烧黏、固定即成8字结，大小可增减绕线次数。

編者筆錄：金剛結代表金玉滿堂、平安吉祥。金剛結外形與蛇結相似，但蛇結容易搖擺鬆散，而金剛結更牢固，更穩定。

金刚结

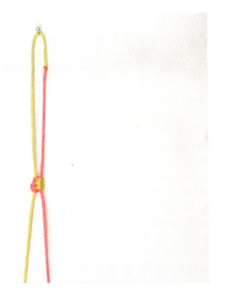

 制作方法

1 黄色线挑红色线逆时针绕圈。

2 红色线往左压黄色线。

3 红色线绕圈挑2压2。

4 黄色线挑红色线。

5 黄色线绕圈压2挑2。

6~8 重复步骤2、3、4、5，然后拉紧。

7

8

编者笔笔录：吉字有美好、吉利之意、祥字则有福善之意。因此吉祥结多为颂祝之词。

吉祥结

制作方法

① 取 1 根线摆好。

② 用珠针分出 4 边。

③ 尾线对折压右边的线圈。

④ 绿色线圈和中间的线圈依次分别逆时针压 2 个线圈。

⑤ 红色线圈压 2 个线圈，从尾线形成的线圈中穿过。

⑥ 拉紧 4 个耳翼，用同样方法再做 1 遍，拉紧即可。

六耳吉祥结

 制作方法

① 把线用珠针摆出 6 个耳翼。

② 尾线逆时针压第 5 个耳翼。

③ 第 5 个耳翼压尾线压第 4 个耳翼。

④ 第 4 个耳翼压第 5 个耳翼。

⑤ 第 3 个耳翼压第 4 个耳翼。

⑥ 第 2 个耳翼压第 3 个耳翼，压第 1 个耳翼。

⑦ 第 1 个耳翼压第 2 个耳翼，穿小尾线形成线圈。

⑧ 调整收紧结体。线圈依次逆时针如图压。

⑨ 收紧结体整理完成。

编者笔录：蛇结象征金玉满堂、平安吉祥。蛇结形如蛇骨体，结体稍有弹性，可以左右摇摆，花式简单大方，常用来编织项链、手链等。

🌀 制作方法

1️⃣ 绿色线压黄色线。　2️⃣ 黄色线往上绕过来。　3️⃣ 绿色线拉过来挑2压1。　4️⃣ 拉紧。

编者笔录：此结正面呈『十』字，故称十字结，背面呈方形，故又称为方结、四方结，也有称其为成功结、皇冠结等。

🌀 制作方法

1️⃣ 把线如图摆好。　2️⃣ 红色线压黄色线。

3️⃣ 黄色线压红色线挑红色线。　4️⃣ 拉紧红色线、黄色线。　5️⃣ 可根据需要多编几个结。

021

编者笔录：玉米结因其形似玉米而得名，在编此结的过程中，要注意线的走向，所有线的走向始终是一致的。

 制作方法

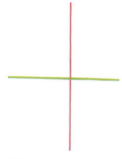

① 绿色线压红色线，如图交叉摆好。

② 红色线对折压绿色线。

③ 绿色线对折压 2 根红色线。

④ 红色线对折压 2 根绿色线。

⑤ 绿色线对折压 2 根红色线、挑 1 根红色线。

⑥ 右边红色线压右边绿色线，然后依次叠压。

⑦ 编至适合长度即可。

编者笔录：方形玉米结编出来的结体似方柱，因而又称『方柱结』，一般用来编手机挂饰、手链、项链等。

方形玉米结

 制作方法

① 如图所示，红色线压绿色线。

② 如图绿色线对折压红色线。

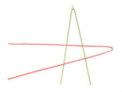

③ 红色线对折压绿色线。

④ 绿色线再对折压红色线。

⑤ 红色线对折压2挑1。

⑥ 拉紧4条线。

⑦ 红色线对折压绿色线。

⑧ 绿色线对折压红色线。

⑨ 红色线对折压绿色线，绿色线对折压2挑1。

⑩ 重复上面的做法，编至合适的长度即可。

编者笔录：云雀结简单实用，可用来连接饰物或固定线头，也可用来做饰物的外圈。

云雀结

 制作方法

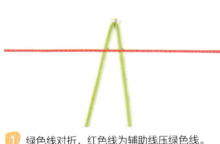

① 绿色线对折，红色线为辅助线压绿色线。

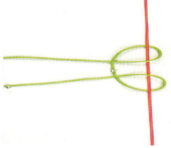

② 绿色线圈翻下来，尾线挑线圈。

③ 拉紧，即成云雀结。

编者笔录：盘长为『八宝』中的第八品佛，俗称『八吉』，象征连绵长久不断。盘长结纹理分明、造型明显，常以单独结体装饰在各种器物上面。学会基本盘长结，可应用此技法制作各种更为亮丽复杂的盘长结。

盘长结

🌀 制作方法

① 先用线打 1 个双联结作为开头。

② 用绿色线走 4 行线。

③ 绿色线如图转过来，挑 1 压 1、挑 1 压 1，掉头压 1 挑 1、压 1 挑 1。

④ 掉头挑 1 压 1、挑 1 压 1，掉头压 1 挑 1、压 1 挑 1（同步骤 3）。

5 红色线如图压 4 行绿色线。

6 红色线对折挑 4 行绿色线。

7 红色线对折压 4 行绿色线。

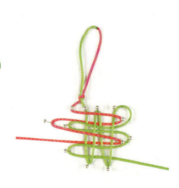

8 红色线再对折挑 4 行绿色线。

9 红色线如图绕圈挑 1 压 3、挑 1 压 3。

10 红色线对折挑 2 压 1、挑 2 压 2 挑 1。

11 红色线对折挑 1 压 3、挑 1 压 3。

12 红色线再对折挑 2 压 1、挑 3 压 1 挑 1。

13 拉出 6 个耳翼并整理，在下方编 1 个双联结固定。

三回盘长结

编者笔录：民间也作『盘肠结』，古人用『九曲柔肠』和『断肠』来形容对远方故人的思念。

制作方法

1 取 1 根线对折编双联结。

2 红色线如图摆好。

3 往左挑 1 压 1、压 1 挑 1、压 1 挑 1，对折压 1 挑 1、压 1 挑 1、压 1 挑 1，重复 3 次。

4 绿色线如图压 6 挑 6、压 6 挑 6、压 6 挑 6。

5 绕圈挑 1 压 3 重复 3 次，对折挑 2 压 1，接着 2 次挑 3 压 1，重复 3 次。

6 将线拉紧，整理成形。

编者笔录：织复翼盘长结时，要先测量出挂耳所需要的长度。若用倒编的方式编织，就不必另加挂耳的用线长度。

复翼盘长结

 制作方法

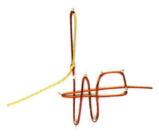

1. 取 1 根线上端留 4cm 对折编 1 个双联结，然后红色线如图摆好。

2. 红色线绕个圈挑 2 根线。

3. 红色线对折压 2 根线。

4. 绕个圈挑 1 压 1、挑 1 压 1、挑 1 压 1，对折再挑 1 压 1、挑 1 压 1、挑 1 压 1。

5. 往下压 2 根线，再挑 1 压 1、挑 1 压 1、挑 1 压 1，对折再挑 1 压 1、挑 1 压 1、挑 1 压 1。

6. 黄色线往右压红色线。

7 黄色线从最小圈下挑 6 根红色线。

8 黄色线对折往右压红色线。

9 黄色线对折挑第 2 个圈的 6 根红色线。

10 将黄色线往下走线。

11 黄色线绕圈往上挑 1 压 1、挑 1 压 3、挑 1 压 3。

12 黄色线对折，挑 2 压 1、挑 3 压 1、挑 1 压 1、挑 1 压 1。

13 黄色线如图绕线。

14 往右压 3 挑 1。

15 黄色线压 4，然后对折挑 5 压 1 挑 2。

16 黄色线绕圈挑1压3，重复3次。

17 黄色线对折，挑2压1，再重复2次挑3压1。

18 黄色线绕线隔2个圈，重复3次挑1压3。

19 黄色线对折，挑2压1，再重复2次挑3压1。

20 去掉珠针，抽线调整。

21 拉紧整理，完成。

攀援结

编者笔录：攀援结由一个能抽动的耳翼构成。编制时注意将能抽动的耳翼固定或套住，比如在耳翼上穿入珠子以防止耳翼脱落松散。

制作方法

① 线如图对折摆好。

② 右边的线如图绕 2 个圈。

③ 如图再绕圈压 3 挑 2。

④ 往上压 3 挑 1。

⑤ 线收紧，整理完成。

编者笔录：酢浆草结在中国古老结饰中，应用很广，即是取其结形美观，易于搭配其他结式且寓意幸运吉祥。本结也可编成四叶、五叶等不同数目耳翼的结式。

酢浆草结

 制作方法

① 将线如图摆好。

② 将红色线从绿色线底下穿过形成 1 个圈，再对折形成个圈。

③ 绿色线往上压红色圈。

④ 红色线绕圈，再从左边的圈中穿过。

⑤ 红色线绕圈，再压 1 挑 3 压 1。

⑥ 红色线对折压 3 挑 1。

⑦ 将线拉紧，调整好，完成。

编者笔录：单线纽扣结是由线的一头编织而成，多用于编织项链、手链、耳环做点缀，以增加结饰的美感。

制作方法

1 红色线绕圈压绿色线。

2 红色线绕圈压绿色线，压红色线。

3 绿色线压红色线。

4 绿色线依次挑红色线、压红色线，挑绿色线、压红色线。

5 绿色线绕圈挑红色线从圈中穿出。

6 把线收紧即成。

 制作方法

1 将线如图摆好，顺时针形成 1 个圈。

2 红色线再顺时针绕 1 个圈。

3 绿色线挑 1 压 1 挑 1。

4 红色线如图绕圈。

5 红色线走势如图。

6 绿色线如图绕圈。

7 收紧结体，整理完成。

编者笔录：万字结常被用来做结饰的点缀，如编织吉祥饰物时就可大量使用万字结，蕴涵万事如意、福寿万代之意。

万字结

制作方法

① 线如图交叉摆好。

② 如图所示橘色线绕成1个圈。

③ 如图所示红色线绕成1个与橘色圈相连的圈。

④ 扯红色圈右线压1挑1。

⑤ 扯黄色圈左线压1挑1。

⑥ 上下收紧。

⑦ 整体收紧。

藻井结

編者笔录：藻井结常用作图画中点装饰，在敦煌壁画中，就有许多藻井结的图案。方正平整、井然有序、光彩夺目，这是藻井结的特点。

制作方法

① 如图所示2根线编成线圈。

② 继续绕圈。

③ 继续绕圈。

④ 继续绕圈。

⑤ 红色线绕线穿过第 1 个圈。

⑥ 如图所示，红色线穿出。

⑦ 如图所示，橘色线从第 1 个圈中穿出。

⑧ 如图所示，橘色线从前向上翻。

⑨ 如图所示，红色线从后向上翻。

⑩ 拉紧线头，整理完成。

斜卷结

编者笔录：因结倾斜故名斜卷结，是常用的立体结，简单易懂。

≋ 制作方法

1 取1根线如图摆放。

2 另1根线以轴为中心绕圈，同理绕第2圈。

3 拉紧即可。

六耳团锦结

编者笔录：六耳团锦结的耳翼成花瓣状，又称花瓣结。本结造型美观，自然流露出花团锦簇的喜气，可在结心镶上宝石之类的饰物，更显华贵。

≋ 制作方法

1 将黄色线逆时针旋转压橘色线形成1个圈。

2 橘色线压绿色线。

③ 橘色线挑3根线。　④ 橘色线压3根线。　⑤ 橘色线挑4压1。　⑥ 橘色线折回拉压住下面。

⑦ 黄色线挑2如图形成1个线圈。　⑧ 黄色线逆时针旋转形成1个线圈，如图压2挑2。　⑨ 黄色线再挑2压3挑1。　⑩ 接着从2圈里穿过。

⑪ 去掉珠针整理。　⑫ 黄色线回来在橘色线的左边穿过黄色线。　⑬ 拉紧调整形状。

编者笔录：因编出来的结体状形似菠萝而得名，由双钱结延伸变化而来。

六边菠萝结

 ## 制作方法

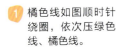

① 橘色线如图顺时针绕圈，依次压绿色线、橘色线。

② 绿色线压橘色线。

③ 绿色线挑橘色线、压橘色线、挑绿色线、压橘色线。

④ 绿色线挑橘色线、挑绿色线、压橘色线、挑橘色线、挑绿色线、挑橘色线、压绿色线。

⑤ 绿色线压橘色线、挑绿色线、压绿色线、挑橘色线、压橘色线、挑绿色线、压绿色线、挑绿色线、压橘色线。

⑥ 调整绿色线、橘色线。

⑦ 拉紧整理，即完成。

琵琶结

编者笔录：琵琶是一种古典乐器，琵琶结因形状似琵琶而得名。琵琶与枇杷同音，枇杷是吉祥之果，人们称其为满树皆金，因此琵琶结也有吉祥之意。

🌸 制作方法

① 先编 1 个双线纽扣结。

② 如图将绿色线绕圈压黄色线。

③ 绿色线逆时针绕成圈。

④ 绕过纽扣结继续走线。

⑤ 重复步骤 3~4，共 4 次。

⑥ 线从中间穿出，即完成。

编者笔录：套索结反复重叠，环环相扣，此结常用于编织饰物的外边。

套索结

制作方法

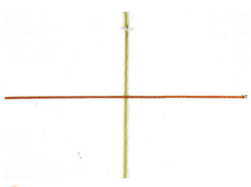

① 如图两线交叉摆好。

② 黄色线如图绕 1 个圈。

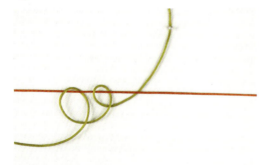

③ 再绕 1 个圈。

④ 多绕几个圈边编边拉紧。

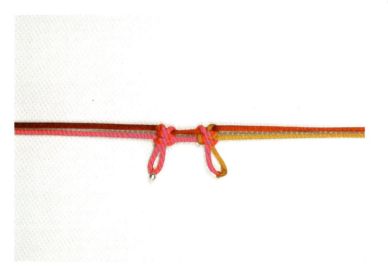

编者笔录：太阳结又称品结，因其形状似『品』字而得名。可以用来做手链、项链等。

太阳结

制作方法

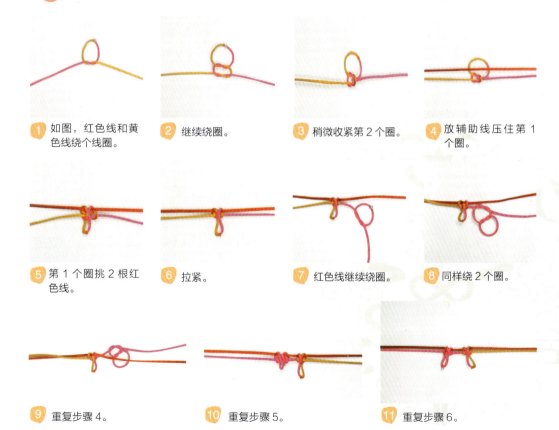

1 如图，红色线和黄色线绕个线圈。

2 继续绕圈。

3 稍微收紧第 2 个圈。

4 放辅助线压住第 1 个圈。

5 第 1 个圈挑 2 根红色线。

6 拉紧。

7 红色线继续绕圈。

8 同样绕 2 个圈。

9 重复步骤 4。

10 重复步骤 5。

11 重复步骤 6。

编者笔录：此结如同渔网，生活中可做杯垫。

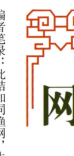

网结

制作方法

① 把线如图摆好。

② 橘色线挑橘色线、压红色线、挑橘色线。

③ 橘色线绕个圈。

④ 此圈压橘色线挑红色线，压橘色线挑橘色线。

⑤ 橘色线再绕圈。

⑥ 此圈往左挑1压1，重复3次，再挑1。

⑦ 重复步骤3。

⑧ 此圈往左挑1压1，重复4次，再挑1。

⑨ 把线头往左拉过来。

⑩ 收紧结体，调整好。

ZHONGGUOJIE JICHU JIFA

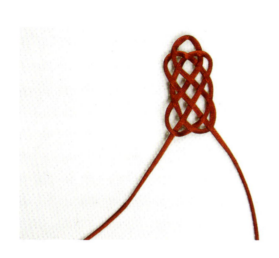

编者笔录：锦是一种花纹色彩的丝织物，锦囊是由锦制成的袋子，利用中国结编织而成的网状结，称为锦囊结。

锦囊结

制作方法

① 取 1 根线如图系好。

② 线头往下拉，形成 2 个圈。

③ 把 2 圈右拧。

④ 右圈压左圈。

⑤ 左线挑 1 压 2 挑 1。

⑥ 右线压 1 挑 1，压 1 挑 1 压 1。

⑦ 收紧整形。

045

编者笔录：双联结是较实用的结，因为它的结形小巧，且不易松散，做挂饰类的作品时，双联结应用得最广泛。

双联结

 制作方法

1 取1根线对折。

2 红色线、绿色线齐走线绕圈。

3 绿色线从绿色圈中穿过。

4 红色线从两色圈中穿过。

5 红色线圈往左翻开成2个圈。

6 拉紧整理，完成。

制作方法

1 两线交叉，左下右上。

2 黄色线如图穿进。

3 拉紧红色线，并将红色线如步骤 2 方法同样穿进。

4 以此类推，两线相互交替穿进，编出表带结。

方胜结

编者笔录：方胜结是古代的一种首饰，是由两个斜方形重叠相连而成。方胜结的形状类似方胜，由一个磐结和一个盘长结组合而成，常被当作吉祥饰物。

 制作方法

① 把线如图摆好。

② 黄色线挑1压1、挑1压1，然后对折压1挑1、压1挑1返回，重复2次。

③ 红色线压黄色线再从圈下过来，重复2次。

④ 红色线往上挑1压3、挑1压3，往下挑2压1，再挑3压3，重复2次。

⑤ 整理，完成。

编者笔录：在古代，发髻被称作笄，《说文解字》解释发髻结就是由此而来，可用来编织发饰、手链等。

制作方法

① 将线摆成 m 形。

② 将中间往逆时针方向拧成 1 个圈。

③ 如图，红色线往右绕圈，黄色线往左绕圈。黄色线压红色线。

④ 黄色线如图压 4 挑 1。

⑤ 红色线（挑最下面的红色线）挑 1 压 3。

⑥ 红色线压黄色线、挑红色线、压黄色线、挑红色线、压黄色线。

⑦ 将线收紧。

⑧ 另取 2 根线平行穿 1 圈，即完成。

锁线结

编者笔录：锁线结简单实用，是缩短绳子长度的最好办法。常用于组合结的开头或者结尾。

 制作方法

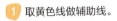

1 取黄色线做辅助线。

2 红色线如图摆好。

3 取红色线一端如图缠绕几圈。

4 将线头塞进红线圈。

5 拉紧被缠绕的红色线。

编者笔录：绥带结因其形似绥带而得名，常用于手链的编织，寓意福、禄、寿三星高照、官运亨通、连绵长久、代代相续。

绥带结

 制作方法

1 如图，红色线、绿色线齐走线，逆时针绕圈。

2 尾线挑2根线。

3 尾线对折压4挑2压2。

4 尾线从圈甲穿过。

5 拉紧两线。

6 整理完成。

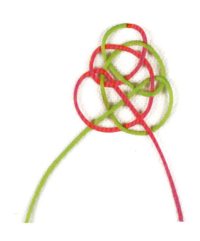

编者笔录：笼目结的用途较广泛，可单独做装饰品，也可与其他结同用。

笼目结

 制作方法

1 绿色线压红色线。

2 绿色线挑红色线、压绿色线。

3 红色线压绿色线、挑绿色线、挑红色线、压绿色线。

4 绿色线压红色线、挑绿色线、压红色线、挑红色线、压绿色线、挑绿色线、压红色线。

5 拉好绿色线、红色线，调整好。

编者笔录：释迦结可用于编织中式服装的盘口，与其他结组合时，做起始结或收尾结，也可用来编织耳环、手链等。

释迦结

制作方法

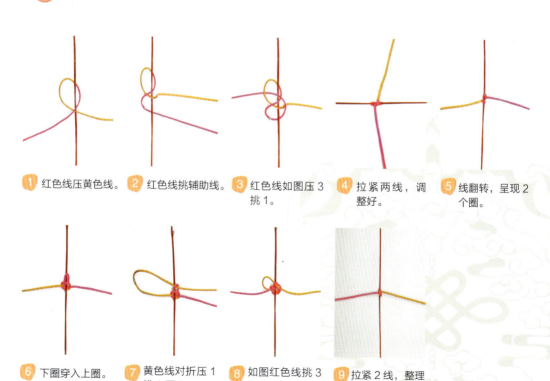

1 红色线压黄色线。

2 红色线挑辅助线。

3 红色线如图压3挑1。

4 拉紧两线，调整好。

5 线翻转，呈现2个圈。

6 下圈穿入上圈。

7 黄色线对折压1挑1压1。

8 如图红色线挑3压4走线。

9 拉紧2线，整理完成。

磬结

编者笔录：磬是一种打击乐器，也是一种吉祥物。磬又与庆同音，所以象征吉庆。古时有画铜磬者，寓意普天同庆。磬结因形似磬而得名，是两个长形盘长结交叉编结而成。

 制作方法

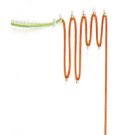

① 如图，黄色线走 4 行长线，4 行短线。

② 黄色线穿过所有竖线，走 4 行。

③ 绿色线如图圈住所有竖线。

④ 绿色线往上压 4 挑 1，压 3 挑 1 压 3；往下挑 2 压 1 挑 3 挑 4，重复 2 次。

⑤ 绿色线往左挑 1 压 3，挑 1 压 3，再挑 2 压 1，挑 3 压 1，重复 2 次。

⑥ 步骤同 5。

⑦ 黄色线如图走 3 行竖线。

⑧ 整理、收紧结体。

编者笔录：五耳草花结就是编出的结体有 5 个耳翼，形似花瓣，有花样年华、如花似玉的美好寓意。

五耳草花结

制作方法

1. 将橘色线、红色线如图绕成 4 个线圈。

2. 尾线绕圈压橘色线圈。

3. 第 1 个橘色线圈压尾线、压第 2 个橘色线圈。

4. 第 2 个橘色线圈压第 1 个橘色线圈、压红色线圈。

5. 第 1 个红色线圈压第 2 个橘色线圈、压第 2 个红色线圈。

6. 第 2 个红色线圈压第 1 个红色线圈，穿入尾线形成的线圈。

7. 拉紧、整理、完成。

编者笔录：六耳草花结可用来当作手链等装饰品的挂坠，中国古代有『六六大顺』之说，此结有吉祥的寓意。

六耳草花结

制作方法

1 取线如图摆好。

2 红色线压黄色线。

3 黄色线压红色线，压尾线。

4 尾线穿过红色线形成的圈。

5 拉紧。

6 尾线压黄色线。

7 黄色线压尾线、压红色线。

8 如图所示，红色线穿尾线形成的线圈。

9 拉紧，整理。

10 如图所示，拉出 3 个耳翼，形成六耳草花结。

编者笔录：相生结，结相生，心相倚，永不分。此结蕴涵两情相悦之意。

相生结

 制作方法

1 黄色线压黄色线形成线圈。

2 红色线挑黄色线圈。

3 红色线挑1压1挑1。

4 黄色线挑红色线压黄色线，重复2次。

5 黄色线圈往上压线。

6 红色线如图压1挑1、压1挑1。

7 把结体调整好，即完成。

 制作方法

① 黄色线压红色线、压红色线、压黄色线。

② 红色线压黄色线、挑黄色线、压黄色线、挑红色线、压黄色线。

③ 黄色线压黄色线、压红色线、挑红色线、穿过最中间的圈。

④ 如图所示红色线绕圈穿中间线圈。

⑤ 收紧，整理。

编者笔录：流苏在中国结的很多挂饰中都是必不可少的，在结饰的尾端加上流苏，增添流动的美感。

制作方法

①　准备一束流苏线。

②　把流苏管的一端对准流苏线的中间位置摆好。

③　用一条线在流苏线的中间位置打结，流苏管放流苏线的中间。

④　提起流苏管，让流苏线自然下垂，在流苏线的上端绕线，完成。

两股辫

编者笔录：此结简单易学，常用于结尾的修饰。

制作方法

① 把线对折。

② 往同一方向搓2根线，然后重复这个步骤。

三股辫

编者笔录：三股辫结是以左右线交叉编结法编成的，是一种简单常用的结体，常用于编织项链、手链等。

制作方法

① 取3根线，上端绑好。

② 绿色线压红色线。

③ 橘色线压绿色线。

④ 红色线压橘色线。

⑤ 用同样方法连续编至适合长度即可。

四股辫

编者笔录：四股辫结又称旋转结，四线相互缠绕，轮回旋转，形态美观，人们常用它来寓意人生的喜怒哀乐。

制作方法

1 取 4 根线，上端固定。

2 4 根线如图挑压。

3 步骤不断重复。

4 编至适合长度即可。

编者笔录：五股辫结是由5股线编织而成的，此结常用于项链、腰带、手链的编织。

五股辫

 制作方法

1 取5根线，一端捆绑起来。

2 红色线压浅红色线、挑浅红色线。

3 黄色线压黄色线、挑红色线。

4 最左边浅红色线压浅红色线、挑黄色线。

5 黄色线压红色线、挑浅红色线、压浅红色线。

6 以此类推，重复编即可。

第三章

实用中国结作品分解

本章主要介绍了多款简单实用中国结作品的详细制作过程，在学习了第一章的基础技法后为读者提供了基本的实习案例，您可以举一反三，从而创作出不同的精美作品。

由吉祥结为主编制而成的作品，有吉祥、美好的寓意。可作窗帘带和蚊帐带，让中国结成为家居的最好装饰品吧！

制作方法

1 取 4 根 500cm 长红色 5 号线编 26 层左右的吉祥结。

2-3 一端从另一端穿过继续编 30 层吉祥结。

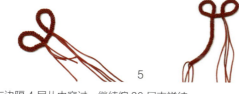

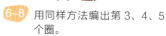

4-5 左边隔 4 层从中穿过，继续编 30 层吉祥结。

6-8 用同样方法编出第 3、4、5 个圈。

9 编完 5 个圈后，用热熔枪和胶棒将两端粘起来，余线用系流苏的方式扎起来。

10 余线留下 4 根编 1 个双联结。

11 另取 1 根 40cm 长 5 号线对折编双联结做轴线。再取 1 根 80cm 长红色 5 号线编双平结。编到合适长度剪掉编线烧黏。主线编 1 个纽扣结，然后剪断余线烧黏，余线穿上 2 个流苏，挂在窗帘带上，作品完成。

新房窗帘带

吉祥和瑞的红色囍字窗帘带，烘托喜庆的氛围。

☁ 制作方法

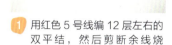

1 用红色 5 号线编 12 层左右的双平结，然后剪断余线烧黏。

2 共编 3 根平结条备用。

3 另取 2 根线编 3 层双平结。

4-5 如图将余线穿进备用的平结条里。

6 编线剪断烧黏。

7 另取 1 根编 2 层双平结。

8 加入第 2 根平结条。

9 继续编 2 层双平结。

10 余线两两做轴，另取 2 根线分别往外编 2 层双平结。

11 两边分别剪掉上面的 2 根线烧黏，余线做轴，另取线编 2 层双平结。

12 两边分别剪掉最外面的 2 根线烧黏，余线做轴，另取线编 1 层双平结。

13 继续编 2 层双平结。

14 加入第 3 根平结条。

15 重复步骤 9、10、11。

16 用同样方法做好另外一边。

17 另取 1 根 40cm 长红色 5 号线对折编双联结做轴线。

18 再取 1 根 80cm 长红色 5 号线编双平结。

19

20

19~20 编到合适长度剪掉编线剪断烧黏。

21 主线编 1 个纽扣结，然后剪断余线烧黏。

22 将囍字系在带子上，下面如图穿上 2 个流苏，作品完成。

蝴蝶结挂饰

蝴蝶是吉祥美好的象征。「蝴」与「福」谐音，寓意福在眼前、福运送至。「蝶」还与「耋」同音，因此蝴蝶又被作为长寿的借指。

🌸 制作方法

① 用 1 根绿色线做 1 个团锦结，下面打 1 个双联结。

② 以 2 根绿色线做轴，另取 4 根线为绕线编 2 层斜卷结。

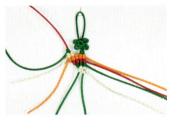

③ 把最下面的绕线往上来做轴编斜卷结，编完后仍把最下面的绕线拉上去做轴，余下 3 根线为绕线编斜卷结。

④ 编到第 5 层后把白色轴线打个蛇结反过来做轴，再编 5 层斜卷结，然后白色轴线绕过团锦结下的绿色线继续做轴。

⑤ 下面编的是蝴蝶小翅膀，跟上面一样，只是由 5 层变成 3 层；右边完成后用同样方法把左边编好。

⑥ 把蝴蝶翻到背面尾部对称 3 组线打斜卷结组合。

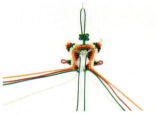

⑦ 编完后再反过来，以白色线为轴。

⑧ 用绿色线编 6 个双平结。

⑨ 编完后把余线塞到双联结下面的空隙里，并剪短烧黏，尾部的线除了中间 2 根线外也剪掉烧黏。

⑩ 穿上流苏，蝴蝶完成。

⑪ 完成效果。

蝶舞结挂饰

蝶，守护着流光中不变的希望；舞，将生命内质的坚韧释放；蝶舞，诞生于寂寞，归位于绚烂。由双联结、盘长结和酢浆草结组合编织而成，结形似蝴蝶。

制作方法

① 如图编1个4线盘长结。

② 加上玉珠。

4

3~5 绿色线如图穿过编1个3耳酢浆草结。

5

6~8 绿色线从下面的耳朵中穿过，编1个2耳酢浆草结。

7

8

9~11 用同样方法把左边做好。

10

11

12 调紧结体。

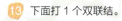

13 下面打1个双联结。

14~15 加上玉佩和流苏，完成。

15

四季如意结挂饰

由双联结和盘长结组合编织而成，由四种颜色组成，绿色代表生机勃勃的春季，红色代表火热的夏季，金黄色代表硕果累累的秋季，浅蓝色代表雪花飘飘的冬季。

礼

记

制作方法

1 取绿色线编 1 个长 5cm 的双联结，并按图摆好。

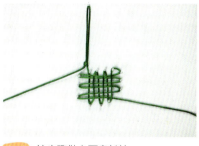

2-4 按步骤做六耳盘长结。

3

4

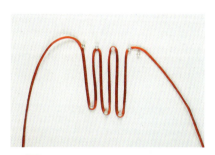

5-10 取红色线直接做六耳盘长结。

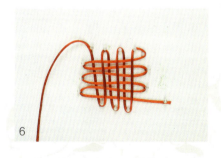

6

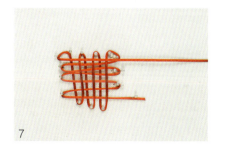

7

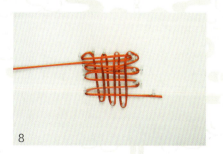

8

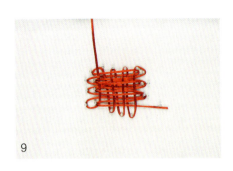

9

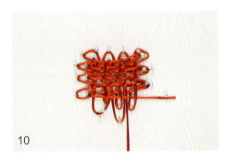

10

11 用同样方法做另外 2 个盘长结，分别如
图 11 把线收。

12 取绿色盘长结和黄结如图摆好。

13 4 个结环环相扣。

14 把剩下的线剪掉烧黏，即完成。

如意香囊

香囊文化留给人们的不仅是可供欣赏的民间艺术品，还有丰富且深刻的文化内涵。也因此赋予了香囊以艺术生命力，折射出的文化魅力则是中国传统的艺术结晶。

🌀 制作方法

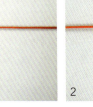
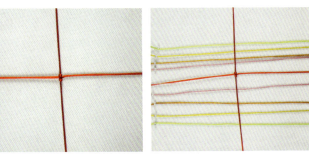

1~2 取 2 根线如图放好打 1 个斜
卷结作为中心。

3~5 4 根红色线各取 4 根用
斜卷结挂住。

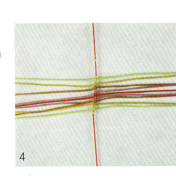
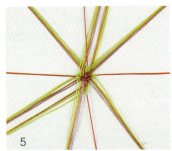

6 分别把粉红色线拉下来做轴，
压在下面的线为绕线打斜卷结。

7 以对称两边的棕色线做轴，压
在下面的线为绕线打斜卷结。

8 以此类推，继续打斜卷结，最
后 2 根线交叉打结。

9 编完后，以图中拉出的粉红色
线做轴，压在下面的 4 根线为
绕线打结。

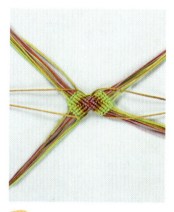

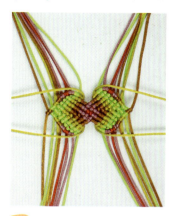

10 编好后再用另外 2 根粉红色线为轴，压在下面的 3 根线为绕线打结，编完如图。

11 以拉出的线为轴，压在下面的线为绕线打斜卷结。

12 编到最后两线交叉处要打 1 个斜卷结，再以拉出的线为轴编斜卷结。

13 编完后再用同样方法做 1 遍。

14 把 2 片对应的每组线以反斜卷结方式组合。

15 多余的线塞进结体。

16 装上 1 个六耳盘长结和流苏，作品完成。

石榴挂饰

颜色艳丽的火红色石榴总给人生命的力量。人们借石榴多子，来祝愿子孙繁衍、家族兴旺昌盛。石榴是富贵、吉祥、繁荣的象征。

制作方法

1 取 1 条 4.5 m 长红色线对折，打 1 个双联结，然后把 8 条黄色线捆在一起。

2 如图中方法，用红色线交叉，黄色线夹在中间，这样别成一圈。

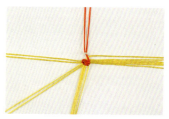

3 红色线要尽量靠紧根部，再进行第 2 圈，以此类推向外扩大。

4 从第 5~11 圈，基本是一样的松紧度，这几行是石榴的中间位置。

5 从第 12 圈开始收紧。

6 从第 16 圈开始，每次以 2 根黄色线为轴，绕 3 圈开始收口，整个石榴共 18 圈，然后黄色线两两打 1 个斜卷结，余线塞进石榴里做填充。完成后用同样方法再做 1 个。

7 用绿色线做叶子，取 1 条绿色线对折。

8 以对折后的 2 条线为轴，下面放 3 根线做绕线。

9 编完 3 个斜卷结后，把右边最上面的绕线拉下来做轴，下面 3 根线为绕线编斜卷结。

10 编完如图。

11 同理再编 3 层，共 5 层。

12 左边用相同方法再编 4 层，1 片叶子就好了。

13~15 共编 2 片如图摆成 # 字状，以白色珠针上的线为轴，下面的线为绕线编斜卷结。

14

15

17 把石榴和叶子穿在一起。

16 对合后状态。

18 取 1 个准备好的盘长结和流苏穿好，作品完成。

因鞋子是穿脚上的，所以赠送给亲人、朋友，有祝愿对方一路平安、步步高升等美意。

制作方法

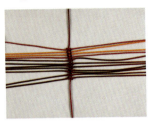

① 取 11 根线做轴，用 1 条 1.5 m 长的绕线编 11 个斜卷结。

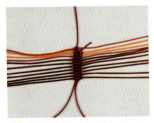

② 留出左边 1 根轴线不动，另取 1 根绕线再编 1 层斜卷结。

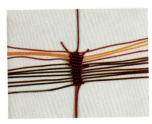

③ 另外一边，左边 1 根轴线仍然不动，再取 1 根绕线编 4 个斜卷结。

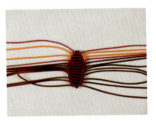

④ 原先 2 根不动的轴线拉过来做轴，压在下面的线为绕线编 1 卷斜卷结，鞋底成形。

⑤ 把鞋底翻过来，再把最上面 2 根线拉下来做轴，用下面的线编 1 圈斜卷结。

⑥ 同理再编 1 圈后，留下做鞋头用的 5 组线，余下的线剪掉烧黏。

⑦ 把最上面的一组线交叉打 1 个斜卷结后做绕线，下面 4 组线为轴，编 1 层斜卷结。

⑧ 编完这一层后，仍把最上面的一组线交叉打 1 个斜卷结后做绕线，下面 3 组线为轴，编 1 层斜卷结。

⑨ 最后 1 层编 1 个斜卷结。

10~12 剪掉余线烧黏，鞋子完成。

11

12

双鱼挂饰

「鱼」与「余」谐音，所以鱼象征着富贵。「如鱼得水」用来描述工作和生活和谐美满、幸福、自在。因为谐音的缘故被人宣扬为「吉庆有鱼（余）」，象征着年景好，丰稔昌盛。鱼给千家万户带来了吉祥美好的祝愿。

礼

🌸 制作方法

① 取 1 根线如图对折做轴。

② 下面放 5 根线做绕线编斜卷结。

③ 编完后把最上面 2 根线拉下来做轴继续编斜卷结。

5

6

④~⑦ 以此类推编下去。

7

⑧ 把最右边的绕线往左拉做轴，下面线为绕线编 1 层斜卷结，注意：左边绕线不编；然后把最左边的 1 根绕线往右拉做轴，再编 1 圈斜卷结。

⑨ 把最右边的绕线往左拉做轴，下面线为绕线编 1 层斜卷结。

⑩ 把轴线往右拉继续做轴，编 1 圈斜卷结。

⑪ 把最右边的绕线往左拉做轴，下面线为绕线编 1 层斜卷结。

⑫ 以此类推再编 2 层。

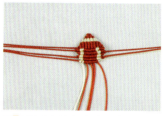

13 把最右边红色线往左拉编 1 层斜卷结。

14 同理再编 3 层，如图剪去余线烧黏。

15 用同样的方法再编 1 片。

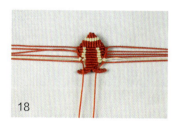

16 2 片对称放好，以图中往下的红色线为轴编 1 层斜卷结。

17-19 完成后轴线继续往上拉做轴编 1 层斜卷结。

20 编完后剪掉余线烧黏，配上中国结和流苏，作品完成。

珍珠手链

一串清柔的腕饰，戴在手腕上，优雅的曲线与绝妙的颜色搭配让饰品充满了诱惑的气息。

制作方法

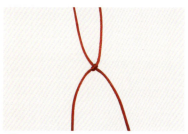

1 取 1 根 150cm 长红色 6 号线
对折交叉编 1 个斜卷结。

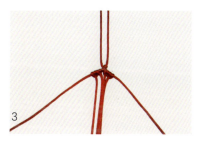

3

5

2~3 另取 1 根 140cm 长红色 6 号
线对折用斜卷结挂在前面的余
线上，另外一边也一样。

4~5 最里面 2 根线分别做轴线，编 1
层斜卷结。

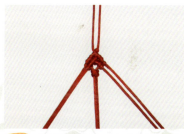

6~8 中间 2 根线编 1 个双联结穿上 1
颗珠子再编双联结。

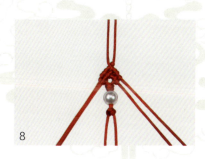

7

8

10

9~10 两边余线两两打雀头结，各打 6 或 7
组，然后余线绕编在主线上。

12

11~12 重复步骤 4、5，直到编到手腕宽度
为止。

13 除中间 2 根线外，余线剪断烧黏。

14 两主线交叉合并，另取 1 根线编双平结。

15 剪掉编线烧黏。

16 两边各穿 1 颗珠子挽个结，剪断余线烧
黏，手链完成。

富贵平安脚链

简单的双平结编出来的脚链也很美。很百搭的脚链，无论是搭配各种风格的服装都好看。愿这款红色的脚链能带给你好运。

🌀 制作方法

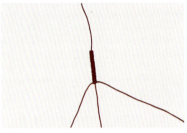

① 取 1 根 20cm 长 的 线 做 轴 线，
120cm 长的线做编线，编 14 层双
平结。

3

⑤ 将编线剪断烧黏。轴线交叉继续做轴。

⑦ 将编线剪断烧黏。

②~③ 轴线穿上 1 颗珠子，继续编 10 层
左右的双平结，以此类推。

④ 编到合适长度，最后 1 组双平结也
编 14 层左右。

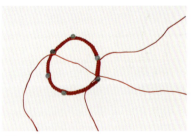

⑥ 另取 1 根 20cm 长的线编 10 层左右
的双平结。

⑧ 余线各穿上 1 颗小点的珠子，挽结
剪断烧黏，作品完成。

桃子

提到桃子，大家会联想到「寿桃」、「仙桃」，桃被作为福寿吉祥的象征。

外表可爱的桃子是很多美女们的最爱，桃子挂饰、桃子手机链、桃子发夹等备受众人青睐。

制作方法

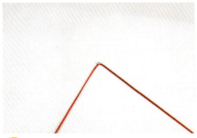

① 取1根60cm长5号线成直角钉在钉板上。

② 另取2根红色线、4根浅色线，在它们1/3处用斜卷线依次挂在第1根线的左边。

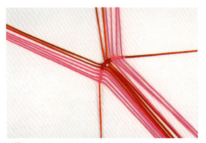

③ 用同样的方法在右边挂上6根线。

④~⑤ 以放在最上面的1根红线为轴，压在下面的6根线为绕线，打6个斜卷结。

⑥ 以右边最上面的1根红色线为轴，压在下面的5条线为绕线，打斜卷结。

⑦~⑨ 以同样的方法左右交叉打斜卷结。

9

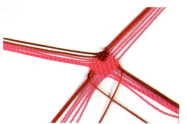

10 以图中交叉的 2 根红色线为轴，压在下面的线为绕线，打斜卷结。

11 如图完成上述步骤，最后 2 条线也要交叉打结，并以最上面的左右 2 根红色线为轴，下面的线为绕线打斜卷结。

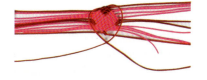

12 如图完成上述步骤。

13~14 同样，左右各打 1 行斜卷结。

14

15 用同样的方法做成 3 片。

16 2 片对称放在一起，对称的线按顺序打反斜卷结，把 2 片合在一起。

17 最后把 3 片合在一起。

18 取 4 根线放好，颜色顺序如图。

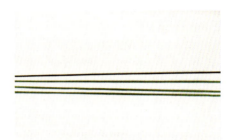

19 以最上面的 1 根线为轴，下面 3 根线打 3 个斜卷结，并以同样的方法打 4 行。

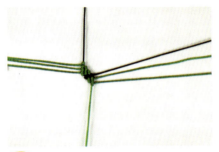

20 旋转 180°，再打 4 行斜卷结。

21 再打 3 组，并穿线拉紧。

22 另取 1 根 80cm 长的绿色线打 1 个双联结，然后加另 1 根绿色线做吉祥结。

23 做到合适长度后，把尾线穿在叶子上，在背面把尾线剪掉烧黏。

24 用胶把叶子和桃子粘在一起，完成。

25 作品完成。

由团锦结、斜卷结、雀头结、双平结、双联结组合而成的作品。给读书的小朋友编一个美观、实用的杯套装水壶吧！送给上班一族装水杯也不错，防烫又提携方便。

彩色杯套

制作方法

1 取 6 根 200cm 长 5 号线以团锦结结合起来。

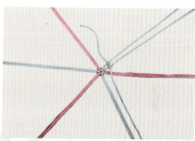

2~3 另取 1 根线做轴，其余线做绕线编斜卷结，编完 2 根后另取 1 根 150cm 长线对折，以雀头结方式挂在轴线上。

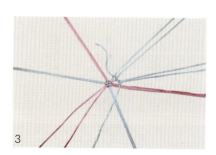

3

4~5 编完第 1 层，继续编第 2 层，不加不减线。

5

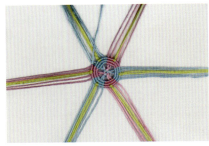

6 第3层另取1根150cm长黄色5号线对折以雀头结方式加上去。

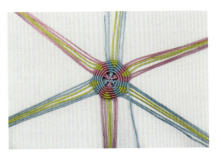

7 继续编第4、5层，不加减线。

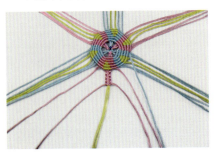

8~9 剪掉余线烧黏，每4根线为1组编4~5层双平结，如此编完1圈。

9

10~11 相邻2组双平结各取2根线继续编4~5层双平结，编1圈。

11

12 用同样方法编第3圈。

13 另取 1 根走线，其余为绕线编斜卷结。

14 共编 2 层。

15 两侧各留 2 根线，其余剪断烧黏。

16 余线两两编个双联结。

17 各打 2 个双联结后剪掉 1 根玉线烧黏。

18 两余线打 1 个双联结，剪断余线烧黏。

20

19~20 作品完成。

琵琶结步摇

步摇美丽的光泽闪耀在发间，加上小而巧的坠饰，长发的风情便又是一种不一样的感受。

制作方法

1 取1根50cm长红色5号线对折编1个六耳团锦结，余线接着编1个琵琶结。

2 如图用小铁圈和红色流苏先穿好。

4

3~4 依次穿上黑色珠子和纽扣结。

5 穿好后将余线系在发棍上。

6 再编1个六耳团锦结，调好形。

7 将编好的团锦结粘在发棍上，作品完成。

8 字结门帘

8 字结又被称为发财结，此结象征发达，愿它带给你好运与快乐。可以根据自己的喜好选择不同颜色的线进行编织，可用于门帘、窗帘、隔断、玄关屏风等处，给您的爱居增添时尚色彩，又不失古典韵味，简洁大方。

制作方法

1 如图，线做逆时针绕个圈。

2 左边的线挑 1 压 1 从圈里穿出。

3 再用黄色线挑 1 压 1 从圈里穿出。

4 以此类推。

5 拉紧整理即成 8 字结，大小可增减绕线次数。每隔 2~5cm 编 1 个结。

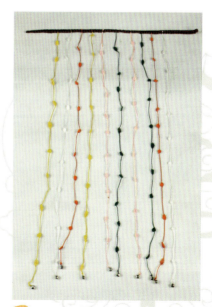

6 把所有的编好结的线穿起来。

愤怒的小鸟

制作方法

① 取 20cm 长 5 号线如图编 2 个双联结做挂线，两结距离约 2cm。

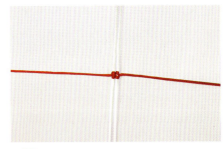

2~3 白色线为轴线，取 1 根 120cm 长红色 5 号线为头部轮廓线编斜卷结，编 2 根后加入挂线，再加 2 根轴线编斜卷结。

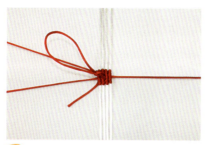

④ 另取 1 根红色线为绕线编 1 圈斜卷结，注意：红色轮廓线不要编进去。

⑤ 头部轮廓线两边各加 2 根轴线编 1 层斜卷结。

⑥ 头部绕线继续绕编 1 圈斜卷结，轮廓线不要编进去。

⑦~⑧ 重复 4、5 步骤。

8

⑨ 头部轮廓线两边各加 1 根轴线编 1 层斜卷结。

⑩ 头部绕线继续绕编 1 圈斜卷结，轮廓线不要编进去。

⑪ 重复步骤 7、8。

12 第6层开始不再加轴线，头部绕线继续编斜卷结，并将红色头部轮廓线做轴线绕编进去，共编2层。

13 将两边头部轮廓线放里面不编。

15

14~16 将侧面两根相邻轴线并成1根绕编1圈。

16

17 如图位置放入8根20cm长黄色5号线做嘴巴。

19

18~19 以红色绕线为轴，白色轴线为绕线编斜卷结，每隔3根收1根。

20 嘴巴用 1 根 30cm 长 5 号线绕编 1 圈，第 2 圈下嘴唇中间减 1 根轴线，然后相邻两轴线相交编 1 根斜卷结。

21~23 上嘴唇编 2 圈后如图减 2 根轴线，同下嘴唇做法相同。

22

23

24 剪去余线，烧黏。

25 用黑色 6 号线编 8 层双平结做眉毛。

26~27 用热熔枪和胶棒粘上眉毛和活动眼睛，愤怒的小鸟就完成了。

27

107

乖乖虎

 **制作方法**

① 取头部轮廓线中点，用斜卷结绕编 5 根轴线（中点）。

② 另取头部绕线绕编第 1 圈。

③ 轮廓线两边各加编 2 根轴线。

4 绕线编至第 2 圈加入耳朵线，头部正中间换黑色线编 3 个斜卷结。

5 轮廓线两边各加编 2 根轴线。

6 绕线编至第 3 圈，头部正中间换黑色线编 1 个斜卷结。

7 轮廓线两边各加编 1 根轴线，绕线编至第 4 圈，头部正中间换黑色线编 3 个斜卷结。

8 轮廓线两边各加编 1 根轴线，绕线编至第 5 圈，头部正中间换黑色线编 1 个斜卷结。

9 连续编第 6~11 圈，第 6 圈正中间换黑色线编 3 个斜卷结；并且两边的轮廓线也当轴线绕编进去，第 8 圈正中间换红色线编 3 个斜卷结，第 9 圈编 1 个；第 10 圈最后加的轴线不编，共减掉 4 根线；第 11 圈最后加的轴线不编，共减掉 4 根线。

11

10~11 编脖子，还是用原来绕线，把轴线两两合并绕编进去，第 2、3 层换红色线绕编，第 4 层换黄色线。

12 编完脖子，取 4 根身体加线对折，从身体一侧编到另一侧，余线都在同一侧。

13 将小猫横过来，拿在左手，用右手编，身体轴线现在当绕线，另取身体轴线，编 2 圈底边。

14 编底面。每边各剪 2 根线，中间 2 根互编斜卷结，再从上面拉线过来编，每根轴线绕 5 个斜卷结，后面再各编 4 层，每排第 1 根不编，最后两两互编斜卷结。

15 编尾巴。留出 9 根线编 3 股辫子，每编几层放掉 1 根线，到最后剩下 2 根线打一个斜卷结固定，剪去余线烧黏。

16 编耳朵。耳朵线中间需再加 1 根轴线，另取 3 根绕线，绕编在 5 根轴线上，中间是反斜卷结。

17 18 编第 2 层时剪掉第 2 和第 4 根轴线不编；第 3 层时中间轴线剪掉不编，最后 2 根线打一个斜卷结，剪掉余线烧黏。

18

19 粘上 1 对活动眼睛，完成。

制作方法

1 取 4 根 1.6m 长 5 号线编 1 个吉祥结。

2 取 1 根 200cm 长的黑色 5 号线做轴线，其余 8 根为绕线编 1 层斜卷结。

3 第 2 层每隔 2 根线加 1 根线，继续绕编。

4 第 3 层每隔 3 根线加 1 根线，继续绕编。

5 第 4 层每隔 4 根线加 1 根线，继续绕编。

6 第 5 层每隔 5 根线加 1 根线，继续绕编。

7 两侧各加 4 根耳朵线。

8 继续编 6、7、8、9 层，不加减线，并如图加入黑色线。

9 第 10 圈开始每层收 4 根线，编至第 12 层。

10 13 层不加不减线。

11 第 14 层将绕线换成粉红色。

12 15 层两侧加入胳膊线，并在身体前后各加 2 根红色绕线。

13 重复步骤 12。

14~17 身体前后再各加 2 根红色绕线。

18 再继续编 3 圈，不加减线。

19~20 身体开始收小，方法同老鼠收尾一样。

21 取 4 根 20cm 长的线编 8 层吉祥结，剪掉余线烧黏做脚，编 2 个。

22 用热熔枪和胶棒将腿粘在身体上。

23 编胳膊，用 4 根粉红色线编 8～10 层斜卷结，并把 4 根同头部一样颜色的线编在中间。

24 再编 2 层吉祥结，剪掉余线烧黏，胳膊完成。

25 用同样方法编出另一条胳膊。

26 编耳朵。取 1 根 20cm 长的线绕编在 4 根轴线上。中间是反斜卷结。

27 相邻 2 根轴线交叉打结。

28 左右边上 2 条轴线继续做轴，继续编斜卷结。

29 剪去余线烧黏。

30 用同样方法做出另外 1 只耳朵。

31 如图用黑色线烧出眼睛和鼻孔，作品完成。

114

小女王

制作方法

1~2 用黄色流苏线对折编 1 个双联结，穿进人偶头像。

3 另取 1 根白色玉线编 1 个双平结做脖子。

5

4~6 用 4 根黄色流苏线编吉祥结做身体，往下每层每边加 1 根线。编第 2 层时将白色玉线拉出做胳膊。

6

7 拉出 1 根黄色线做轴，其他线做绕线编 1 层斜卷结。

8 将余线剪到合适长度。

9 白色线在合适地方挽个结，剪断烧黏。

10 编披风。另取 1 根 30cm 长红色余线，以雀头结方式挂在黄色流苏线上。

11 将编好的披风修剪好给编好的小人偶披上系好。一个可爱的小女王就完成了。

116

小乌龟

乌龟乃是古代灵兽，有长命百岁的含义，古人一直将龟视为吉祥的象征，所以龟是人们心目中至高无上的神圣之物。

制作方法

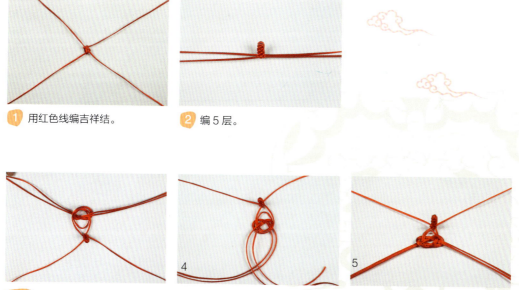

1 用红色线编吉祥结。

2 编5层。

3~7 另加1根红线，用2根红色线编梅花结。

6

7

8 把线拉紧，调整好。

9 另一面加2根线，用3根线编梅花结。

10 调线拉紧，调整好。

11~12 取5根2cm长的红色线做脚丫和尾巴。

12

13 将乌龟背和龟底粘起来。

14 粘上眼睛，完成。

花生

花生：俗称「长生果」，因它永远保持永不的青春生命，，用花生来象征长寿多福。花生作为吉祥喜庆的象征，是传统婚礼中必不可少的「利市果」，寓意多子多孙儿孙满堂，预示两个相爱的人永远在一起，永不分离，象征着爱情的完美！

🌼 制作方法

① 取2根线做轴。

②~③ 另取1根线，将其中点绕在周线上，系1
个方向的结，然后拉紧。

3

④ 再用同样的方法，共系上12根线。

⑤ 另取2根线，左右各1根，用压在它们下面
的14根线分别在两边打上斜卷结。

⑥ 再取2根线，左右各1根，用压在它们下面
的16根线打斜卷结。

7 注意两线交叉处不打结，并把下面的轴线剪短。

8 把拉下来的线做轴，压在下面的做绕线打斜卷结，两条线交叉处也打1个斜卷结。

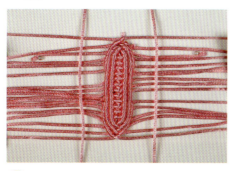

9 另取2根线，左右各1根，用压在它们下面的17条线，分别打上斜卷结。

10 中间交叉处不打结。

11 同样的方法做2片合在一起，把每片对应2条线为1组，打反斜卷结。

12~13 完成半边的各线时把里面线条剪断，再完成另一边。

13

企鹅

🌀 制作方法

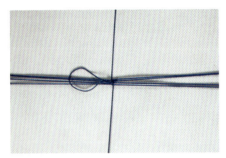

1 取头部轮廓线，绕编 4 根头部轴线，另取头部绕线，绕编第 1 圈。

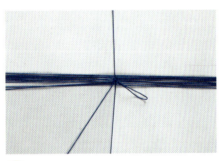

2 轮廓线两边各加 2 根头部轴线，绕线绕编第 2 圈。

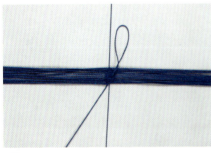

3 轮廓线两边各再加 2 根轴线，绕编第 3 圈。轮廓线两边各加 1 根轴线，绕编第 4 圈。

4 轮廓线两边各再加 1 根轴线，绕编第 5 圈。第 6 圈连轮廓线也当轴线编进去。

5 第7圈的第4、5根轴线之间开始编入嘴巴。

6 第8圈在与第7圈一样的位置开始编入另一片嘴。

7 第9圈换成红色绕线，当围脖，第9圈在最中间6个结，绕编时放入身体白色线，与轴线一起编进去。

8 编身体时，头部的轴线当绕线，把头横过来拿在左手，另取1根轴线，从身体一侧开始，用右手绕编。第1圈中间6个结换白色绕线，两边放入翅膀线。

9 第2圈前面加两根白色线，后面加2根主线。第3圈加2根白色线。第4圈再加2根白色线。

10 编3圈。第8圈减2根白色线，主线编5根减1根，第9圈减2根白色线，主线编4根减1根。

11 用8字结在铁丝上编1对脚。

12 第10圈放入脚，编3根减1根，直到中间的孔够小，将余线剪短，塞入腹中。两边编上翅膀，完成。

错位平结手镯

简单的平结错位就能编出这么美丽时尚的作品，具有时尚气息且带有中国结传统艺术之美。

制作方法

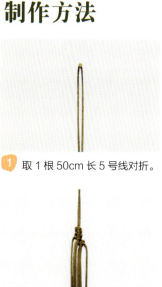

① 取 1 根 50cm 长 5 号线对折。

② 另取 1 根 60cm 长 5 号线编 5 次双平结。

4

3~4 另取 2 根 50cm 长 5 号线对折，与原先的 4 根线分成 2 组编 2 次双平结。

⑤ 中间 4 根线编 2 次双平结。

6~7 两边各编 2 次双平结，往下以此类推。

7

8~11 编到合适长度时，两边各丢 2 根线，剪断烧黏。

9

10

11

12 中间剩下的 4 根线继续再编 3 次双平结。

13 如图，剪断余线烧黏。

15

14~15 两边主线交叉合并，另取 1 根线编双平结，共编 7 次，剪断余线烧黏。

17

16~17 4 根主线各编 1 个索线结，然后剪断余线烧黏。

平结手机袋

将袋口的绳子轻轻一拉，一个时尚的手机袋，能很好地保护你的手机。

127

🌸 制作方法

1~2 取 1 根 100cm 长粉色 5 号线做轴，另取 10 根 100cm 长 5 号线做绕线编 1 层斜卷结。

3 再加 1 根轴线编 1 层斜卷结。

4 如图边上 4 根线编 1 层双平结。

5 每 4 根线编 1 层双平结。

6 两平结相邻的 4 根线为 1 组编 1 层双平结。

7 用同样的方法编下去。

8~9 编到合适长度，另取 1 根线做轴，其余为绕线编 1 圈斜卷结。

10 剪掉余线烧黏。

11-12 如图穿进去 2 根线。

13-14 如图编 1 个双联结，剪断余线烧黏。另一边做法一样。

15~16 将手机装进去，拉紧，一个简单时尚的手机袋就完成了。

双钱结组合杯垫

用钩花边似的美感，轻松编出双钱结组合杯垫，双钱结的重重组合，打造唯美的中国风。

制作方法

① 取 1 根 150cm 长 5 号线编 1 个双钱结。

②~③ 余线从图 1 圈中穿过编双钱结。

3

④~⑤ 如此编 5 个双钱结后,最后头与尾
也以双钱结结合。

5

⑥ 继续按原路再走 1 圈。

⑦ 余线剪断烧接成蓝色线再走 1 圈,然
后剪断余线烧黏,完成。

粉色纸巾筒

简单的双平结和斜卷结就能编出如此美丽、精致又实用的纸巾筒，浪漫的粉色装饰温馨的居家环境。纸巾筒不一定只是摆放桌上，还可以根据需要随处悬挂！你也可以动手试试哦！

制作方法

① 取 1 根 15cm 长 5 号线做轴，24 根 250cm 长不同颜色 5 号线对折，以雀头结方式挂在轴线上。最后将轴线两头剪短烧黏对接。

②~③ 将粉红色线如图编 1 层双平结，蓝色线不动。

3

④~⑤ 以蓝色线做轴线，粉红色线为绕线编 2 层斜卷结。

5

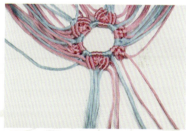

⑥ 继续如图编斜卷结。

⑦ 用同样方法将 1 圈编完。

⑧~⑨ 蓝色线各编 1 层双平结。

9

10~11 红色线也编 1 层双平结，然后另取 1 根 200cm 长粉红色 5 号线在轴线上再编 1 层双平结。

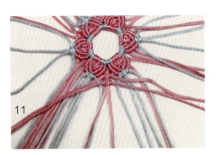

11

12~13 蓝色线继续做轴，粉红色线为绕线编斜卷结。

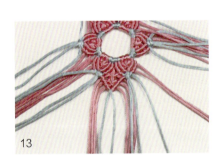

13

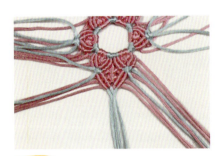

14~16 每边各编 2 层斜卷结，编满 1 圈。

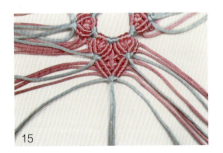

15

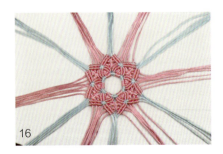

16

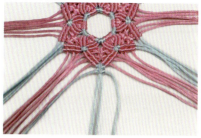 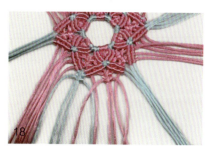

17~18 蓝色线和中间 4 根粉红色线如图
各编 2 层双平结。

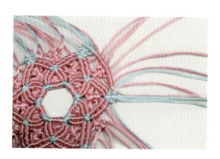 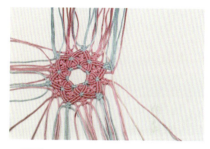

19 此编满 1 圈。

20~22 另取 1 根线做轴线，其余为绕线
编 1 层斜卷结。

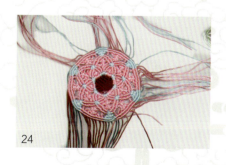

23~24 找 1 个塑料纸筒，将编好的结放
上去比，继续编 1 层斜卷结。

26 如图将中间的 4 根粉红色 5 号线编
2 层双平结，再编 2 层双平结。

27 蓝色线继续编双平结。

28~30 以此类推。

31~32 编第 3 层时，再加 1 根
150cm 长粉红色 5 号线。

34

33~34 以此类推编到第 6 层。

35 注意这一层粉红色 5 号线编 3 层双平结。

36 继续编完第 7 层。

37 如图将蓝色线编 3 层双平结，粉红色线编 4 层双平结。

38~39 另取 1 根 5 号线做轴，其余做绕线编 2 层斜卷结。

39

40~41 剪掉余线烧黏，完成。

41

扇形项链

用绳子就能编出唯美的艺术，低调奢华的美感让时尚气息浓郁缭绕。

制作方法

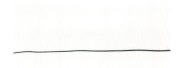

1️⃣ 取 1 根 100cm 长玉线。

2~3️⃣ 另取 1 根 50cm 长余线以雀头结方式挂在 100cm 长线的中间，共挂 8 根。

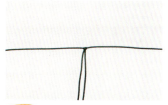

4️⃣ 另取 2 根 60cm 长玉线，穿上 1 个玉珠。100cm 长的玉线两边绕编在上面。

5️⃣ 另取 1 根线做绕线，其他线两两做轴，绕编 1 圈。

6~9️⃣ 如图 7、8、9 方式加线，编第 2 层。

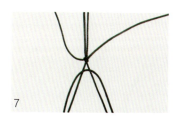

🔟 继续绕编第 3 圈，不加减线。

11 第 7 圈开始轴与轴之间加 1 颗小珠子。

12 每组轴线穿 1 颗稍大点的珠子然后挽个结，两边各留 4 根线不动。

13 剪掉余线烧黏。

14 主线穿 1 颗更大一点的珠子编 1 个双联结。

15 继续编若干金刚结。

16~17 再穿 1 颗珠子编双联结，然后编几个金刚结，剪掉 2 根线烧黏。

17

18 穿上第 3 颗珠子打双联结，然后将 2 根线搓绳子，最后挽个结。

19 用同样方法做出另一边。然后 2 根线相互挽个结。

20 剪掉余线烧黏。

斜卷结手链

这款斜卷结的手链大气而不失精致，配上清新的鹅黄色，如同这个秋日里丰硕的果实，倔强地散发着它的活力与成长的喜悦。

🌀 制作方法

1 先取 2 根线从中间位置编约 2cm 长的金刚结。

2 两端各取 1 根线交叉编 1 个斜卷结。

3 另外 2 根线也以斜卷结方式挂在各自的轴线上。

4 另取 3 根线挂在一边的轴线上。

5 另外 1 根轴线也挂上 3 根线。

6~7 最中间的 2 根线相互往外拉做轴编 1 层斜卷结。

7

8 以此类推编到第 6 层。

9 中间 2 根线穿上 1 颗珠子。

10 中间两线交叉编结做轴线，将同侧的线往下来依次绕编在轴线上。

⑪ 用同样方法做好另一边。

⑫ 以此类推做到第 7 层。

⑬ 将最外边的线往里拉各编 1 层斜卷结。

⑭ 除中间 2 根线外其他余线剪断烧黏。

⑮ 余线编 2 次金刚结。

⑯ 余线穿上珠子，挽结剪断烧黏。

18

⑰~⑱ 这款斜卷结的手链大气而不失精致，配上清新的鹅黄色，如同这个秋日里丰硕的果实，倔强地散发着它的活力与成熟的喜悦。

金鱼挂饰

金鱼小巧玲珑、翩翩多姿、体态稳重，在水中锦鳞闪烁、沉浮自如，为人们喜闻乐见。再加上金鱼带「金」字，「鱼」与「余」同音，「金鱼」又与「金玉」谐音，金鱼寓意金玉满堂和年年有余、吉庆有余等。

制作方法

① 取 1 条长 0.1m 的线做轴，上面用云雀结挂上 12 根彩色线，颜色如图。

③ 正中间 2 根线各往外拉做轴，下面为绕线打斜卷结。

⑤ 2 行斜卷结完成后如图，然后将结体翻过来。

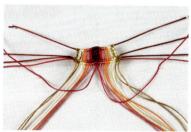

⑦ 编成后如图。

② 正中间 4 条，两侧 4 条各为 1 组，编 3 组平结。

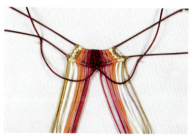

④ 仍以正中间 2 根线分别做轴，两轴线需打 1 个斜卷结，压在下面的线为绕线打斜卷结。

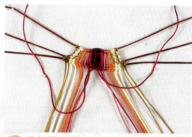

⑥ 现在是反面朝上，正中间 2 根交叉拉向两边分别做轴，压在下面的线为绕线打斜卷结。

⑧ 以此类推，编至图中的样子。

9 两侧弯曲对折成图中样子。

10 两边对称 2 条线为 1 组，嘴上的 2 条线打斜卷结，肚子上的每 1 组打反斜卷结。

11 编到底如图。

12 每 1 组打完反斜卷结的线压在下 1 组里面，多余的线剪掉，最后留下 6 根做尾巴。

13 把 6 根尾线折回，线头塞进鱼身。

14 用金色线捆好。

15 鱼身完成，粘上眼睛。

铃铛宠物链

由双平结、吉祥结、斜卷结、双联结、雀头结组合编制的作品，美观、精致蕴含美好的祝福。给宠物编织一个漂亮的铃铛宠物链吧，它一定会很快乐的。

🌸 制作方法

3

① 取 50cm 长 5 号线红色 2 根做轴，另取 1 根 150cm 长蓝色 5 号线编双平结，长度根据宠物脖子的粗细而定。

②~③ 蓝色 5 号线编到合适长度剪断烧黏，红色 5 号线交叉合并继续做主线，另取 1 根蓝色 5 号线编 6~8 次双平结。

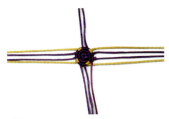

④ 编铃铛。另取 4 根 100cm 长的紫色 5 号线编 1 层吉祥结。

⑤ 另取 1 根线做轴线，编 1 层斜卷结。

⑥ 第 2 层每隔 2 根加 1 根黄色线。

⑦ 继续再编 3 层，不加减线。

⑧ 第 6 层，每编 3 根线加 1 根线。

⑨ 第 7、8、9 层仍然每编 3 根线加 1 根线。

10 剪掉余线烧黏。

11 用同样方法编好另 1 个铃铛。

12 如图将红色主线塞进铃铛。

13~14 余线打双联结，然后剪断烧黏。

14

15 另取 1 根 400cm 长左右的 5 号线穿过项圈对折编双联结。

16 用 2 根线编两股辫子。

17~18 手柄用雀头结方法编成，完成。

18

149

8字纽扣结手链

招财进宝8字结手链由一单线绕另一线交叉走8字形，故称为8字结，「8」字发音与「发」相近，有发达的好意头。

制作方法

1 取 1 根线如图绕圈摆好，左下右上。

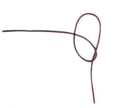

2 右线往圈里挑 1 压 1。

3 线对折挑 1 压 1。

4 同理，再做 5 次。

5 然后拉紧。

6 用同样方法每隔一段距离做 1 个结 ，长度够做手链为止。

7 用淡黄色线再做 1 条。

8 2 根线放在一起。

9 做 1 个网目结抽成球穿在 2 根线上。

10 另一端也穿在球里，手链完成。

第四章

精美中国结作品赏析

本章主要列举了多款精美的中国结作品，为广大读者提供款式参考，包含了各种中国结挂饰、玩偶、饰品等优秀作品。

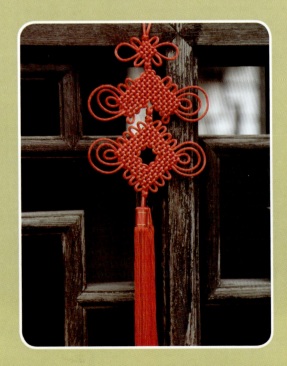

吉祥永久

繁花似锦

好运常在

花开富贵

开心小人

岁岁平安

四季如意

喜庆鞭炮

蝶影

脸谱挂饰

寿比南山

花开好运

相依相随

领袖结

迎祥接福

美好生活

年年有余

喜庆吉祥

幸福长久

幸运圈

快乐一生

招财进宝

经典丛书
《幽梦影》
《传习录》
《 囊》
《 国策》
《 薄家书》
《 语》

忠贞永久

一生好运

平安挂件

双鱼挂饰

花团锦簇

喜庆鱼儿

祥瑞美好

花生串

财源广进

节节高升

可爱南瓜

虎虎生威

大展鸿图

炫彩法轮

富贵挂件

平安吉祥

粉色花篮

平安香囊

七彩鲤鱼

炫彩宠物链

调皮小虎　　神气小猫

人偶公主

炫彩手镯

多彩挂饰

为爱祈福

心系平安

思考的鹅

采蘑菇的小白兔

小蜗牛

甜甜的草莓

蓝色窗帘带

美丽蝴蝶结

熊猫兄弟

欢乐的小猪

圣诞老人